Gurjot Singh Gaba
Guramrit Kaur

Transmissão de voz analógica através de meios sem fios

Gurjot Singh Gaba
Guramrit Kaur

Transmissão de voz analógica através de meios sem fios

Meios de comunicação compactos e económicos

ScienciaScripts

Imprint

Cover image: www.ingimage.com

This book is a translation from the original published under ISBN 978-3-659-86429-2.

Publisher:
Sciencia Scripts
is a trademark of
Dodo Books Indian Ocean Ltd. and OmniScriptum S.R.L publishing group

120 High Road, East Finchley, London, N2 9ED, United Kingdom
Str. Armeneasca 28/1, office 1, Chisinau MD-2012, Republic of Moldova, Europe
Managing Directors: Ieva Konstantinova, Victoria Ursu
info@omniscriptum.com

Printed at: see last page
ISBN: 978-620-8-52874-4

ÍNDICE DE CONTEÚDOS

RESUMO

O relatório propõe um projeto para uma comunicação eficaz entre duas fontes a uma distância de 10 m uma da outra. A frequência de rádio utilizada para o mesmo é 434MHz. O projeto tem duas secções: o transmissor, para transmitir o sinal de voz, e o recetor, para receber o sinal de voz. O projeto proposto só foi concluído após alguns ensaios bem sucedidos e outros sem sucesso. Quando o trabalho no projeto começou, toda a investigação e experiências giraram em torno do objetivo e um passo levou a outro até se chegar ao desenho final com sucesso.

LISTA DE ABREVIATURAS

pf	Pico Farad
mic	Microphone
TV	Television
RF	Radio Frequency
AC	Alternating Current
IC	Integrated Circuit
V	Volts
Op amp	Operational Amplifier
mm	millimetre
uF	micro farad
kHz	kilo Hertz
MHz	Mega Hertz

CAPÍTULO 1-

CAPÍTULO 1 - INTRODUÇÃO

Ao longo das décadas, os seres humanos têm utilizado muitas técnicas de comunicação para comunicarem entre si. A comunicação à distância através de meios tecnológicos, principalmente ondas electromagnéticas ou sinais eléctricos, é conhecida como telecomunicação. As telecomunicações requerem um meio para enviar os dados para o destinatário, podendo este meio ser com ou sem fios. Os serviços de comunicação sem fios estão amplamente implantados em todo o mundo, uma vez que são utilizados em dispositivos móveis. Vários estudos têm sido dedicados à conceção de dispositivos móveis que podem comunicar com sucesso sob várias restrições. Alguns destes dispositivos comunicam a frequências de rádio que se situam no intervalo de 3 kHz a 300 GHz. Este artigo apresenta em pormenor uma proposta de conceção que ultrapassa um número substancial de restrições. No entanto, a necessidade de uma conceção deste tipo requer alguma luz sobre os aspectos básicos que serão discutidos de seguida.

1.1 . MEIOS DE TRANSMISSÃO

Como já foi referido, nenhuma transmissão pode ser efectuada sem um meio de transmissão, porque não haverá ligação entre os elementos emissor e recetor. Existem dois tipos de meios de transmissão: com e sem fios.

O meio de transmissão com fios tem uma ligação física que é tangível, os meios de transmissão com fios utilizam geralmente condutores metálicos como o par entrançado, o par entrançado não blindado, o par entrançado blindado, o cabo coaxial, que conduzem a energia eléctrica utilizando um meio de cobre, ou condutores de vidro como a fibra ótica que conduz a luz ou a energia ótica utilizando um condutor de vidro, que se separa para conduzir uma certa forma de energia electromagnética.

O meio de transmissão sem fios não tem um meio físico ou guia para ligar o sinal numa determinada direção; neste caso, os dados são transmitidos através de ondas electromagnéticas utilizando o ar como meio. A energia electromagnética é transmitida e recebida através do espaço sob a forma de ondas de rádio ou de luz. As ondas de rádio podem viajar a longa distância através da comunicação por satélite ou a curta distância através da comunicação sem fios. Utilizamos esta tecnologia para enviar dados de voz em tempo real, mas é necessário ter em conta que as ligações de rádio são susceptíveis de desvanecimento, interferências, atrasos aleatórios, etc.

Os diferentes dispositivos que estabelecem as suas ligações a outros dispositivos ou a uma rede são apresentados na fig.1.1

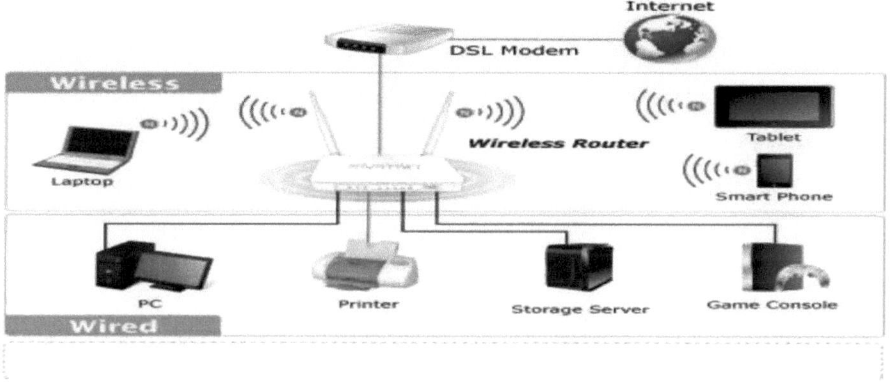

Fig1.1.diferentes dispositivos com e sem fios

1.2 . COMUNICAÇÃO RF

Na comunicação por radiofrequência, a técnica utilizada é a transmissão de dados através de ondas de rádio, de modo que o meio de comunicação se torna sem fios, uma vez que é utilizado ar em vez de um fio de cobre ou um tubo de vidro. Uma vez que as ondas de rádio podem atravessar paredes e edifícios inteiros, podem ser utilizadas na comunicação por rádio, televisão e telemóvel. As ondas podem cobrir uma distância maior ou menor, consoante a frequência. As frequências de rádio estão divididas em diferentes bandas e cada banda tem uma gama de frequências. No espetro de radiofrequências, a gama começa em frequências muito baixas, ou seja, VLF, e vai até frequências extremamente altas, ou seja, EHF. A distribuição das bandas é apresentada na fig. 1.2

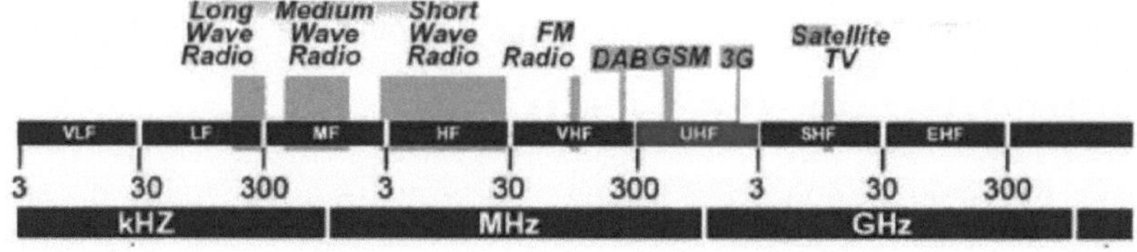

Fig.1.2 Espectro de radiofrequência

1.3 NECESSIDADE DE COMUNICAÇÃO

A comunicação sem qualquer ponto de acesso e sem Internet tem impulsionado muita investigação sobre a comunicação direta, ou seja, segura, de baixo custo, sem infra-estruturas e com um tempo de preparação rápido. Há muitos cenários que utilizam esta comunicação direta entre pares. A segurança é uma necessidade no campo de batalha, onde um esquadrão de soldados tem de executar uma missão especial, por exemplo, destruir a estação de rádio do inimigo. Em expedições de alpinismo, uma equipa de membros está separada de outra equipa e não há conetividade de rede e Internet. A forma de resolver o problema da comunicação entre equipas é uma questão muito crítica.

Esta comunicação direta sem fios é essencialmente necessária também em alguns cenários da vida quotidiana. Em grandes organizações, como nos campus das universidades, os funcionários precisam de comunicar frequentemente uns com os outros. Outra grande questão é reduzir o custo da comunicação a curta distância. Quando as catástrofes destroem o equipamento de comunicação normal que fornece conetividade telefónica e à Internet, a necessidade de comunicar com o mundo exterior torna-se uma questão muito emergente.

A solução para responder a todas estas necessidades é a comunicação direta sem fios, utilizando dispositivos móveis com capacidade para esse tipo de comunicação. Através deste tipo de comunicação, dois ou mais pares podem falar diretamente uns com os outros.

Para satisfazer todas as necessidades acima referidas, concebemos um módulo composto por um emissor e um recetor capazes de efetuar esta comunicação direta com um alcance de 10 m. Este relatório apresenta esse módulo e investiga mais duas abordagens que podem ser utilizadas para atingir o mesmo objetivo.

1.4 APLICAÇÕES DAS RADIOFREQUÊNCIAS

Uma vasta gama de sistemas e aplicações incorpora dispositivos de RF, micro-ondas e sem fios.

- Os transmissores de RF são normalmente utilizados em transmissores de TV por cabo a jusante, onde são transmitidos vários sinais modulados QAM na banda de 50MHz a 1000MHz.

- A comunicação direta por RF também é útil em muitas outras aplicações em que são necessárias amplas larguras de banda de sinal e elevadas frequências de saída. Por exemplo, à medida que forem sendo utilizados cada vez mais telemóveis inteligentes e computadores tablet, serão necessárias maiores larguras de banda nas estações de base sem fios. Por conseguinte, não é de surpreender que muitos dos transmissores existentes que servem esses dispositivos sejam substituídos pelo transmissor de RF direto possibilitado por circuitos de elevado desempenho.

- A maior parte dos rádios de comunicações de segurança pública (portáteis, móveis, estações de base e repetidores) transmitem frequências entre 30 MHz e 900 MHz, que são dedicadas à utilização pelo serviço público.

1.5 VANTAGENS E DESVANTAGENS

As principais vantagens e desvantagens dos sistemas de comunicação por radiofrequência em relação aos sistemas de comunicação por linha telefónica são discutidas a seguir.

- Capacidade de fornecer comunicações a grandes distâncias, através de alguns obstáculos, dependendo da frequência, e para um número quase ilimitado de utilizadores.

- O alcance do sinal é definido como a distância entre o transmissor e o recetor na qual a amplitude do sinal recebido pelo recetor é menor do que a amplitude do ruído de fundo. Por exemplo, uma pessoa pode sentir este ruído utilizando "walkie-talkies" de baixo custo. Quando a separação entre os dois walkie-talkies é suficientemente grande, o sinal de voz perde-se e tudo o que se ouve é o ruído de fundo, por vezes designado por estática.

- O alcance do sinal num sistema de comunicação pode também ser afetado por interferências de perturbações atmosféricas, como tempestades eléctricas, e fontes de RF de alta potência, como equipamentos de radar e de radiodifusão.

- Os sinais RF não atravessam a água.
- A qualidade da transmissão de rádio também começa a deteriorar-se à medida que se aproxima o limite da área de cobertura.
- Os sistemas de comunicação partilhados, como as rádios, a Internet e as chamadas telefónicas em conferência, estão sujeitos à saturação dos utilizadores. A capacidade máxima que permite adicionar utilizadores irá deteriorar e degradar a quantidade e a qualidade da informação que pode ser transferida através do sistema, um problema que se agrava exponencialmente à medida que o número de utilizadores aumenta.
- A eficiência do sistema de comunicação exige que os utilizadores sigam as orientações publicadas sobre a disciplina adequada do sistema, a fim de garantir a máxima eficiência do tráfego de comunicações.

CAPÍTULO 2 - REVISÃO DA LITERATURA

O estudo completo da conceção pode ser melhor representado através da classificação em categorias amplas que são específicas do projeto, específicas dos componentes, questões de conceção do circuito e estudos diversos. O projeto específico inclui resumos sobre todas as secções do transmissor e do recetor da conceção. O componente específico inclui um resumo sobre os componentes utilizados no projeto. As questões de conceção de circuitos apresentam uma visão geral de algumas dicas de conceção de circuitos e a secção Diversos inclui todos os outros tópicos relacionados.

2.1. ESPECÍFICO DO PROJECTO

- *Fase de regulação da tensão*

O autor descreveu vários circuitos de regulação de tensão utilizados na prática em projectos de áudio. A necessidade de utilização de condensadores no circuito e os princípios subjacentes. Descreve métodos para dar mais proteção aos circuitos através da utilização de díodos e da construção de um circuito com regulação de tensão ajustável (manual). [1]

- *Configuração push pull*

O autor apresenta aqui métodos praticamente eficazes para construir um amplificador de classe B "push pull" utilizando transístores bipolares complementares. O amplificador operacional não pode ser utilizado diretamente para acionar a secção de saída no recetor, o que nos leva a utilizar a configuração push pull na fase de saída. Depois vêm os efeitos da distorção mais comum observada nos circuitos de áudio - "DISTORÇÃO CROSSOVER". Os efeitos desta distorção no circuito do amplificador push pull são discutidos em pormenor. A seguir, a necessidade de usar feedback negativo através de um amplificador operacional que tenta corrigir as não-linearidades do circuito. [2][9]

- *Controlo do som áudio*

O autor descreve aqui a utilização do condensador de cerâmica na secção de entrada. O condensador tem dois objectivos: enviar um sinal sem ruído e sem distorção para a entrada do amplificador operacional. O tom do som reproduzido na secção de áudio de um recetor depende de vários factores cujos princípios e efeitos subsequentes na reprodução do sinal são discutidos através de análise. São também descritos vários métodos para controlar o tom. [3]

- *Reprodução áudio*

O autor enuncia os princípios utilizados para a reprodução áudio, que foi conseguida através da utilização de auscultadores. A comparação dos auscultadores com os dispositivos mais utilizados, como os altifalantes de baixa impedância, é pormenorizada. São também incluídos os pormenores de construção dos auscultadores e a forma como resultam numa resposta áudio útil. [3]

- *Circuito op-amp*

O autor explica a utilização de amplificadores operacionais na conceção de pequenos sinais de áudio e o que leva à sua utilização em tais circuitos. As principais secções abordadas são a história dos amplificadores operacionais, os condicionalismos de conceção da transmissão de um sinal áudio, as propriedades dos amplificadores operacionais (como a taxa de variação, a gama de modo comum e a tensão de desvio de entrada) e a necessidade de uma fase de realimentação. [9]

- *Conceção da fase de saída*

O autor explora as configurações de amplificadores que podem ser utilizadas para acionar a secção de saída - sendo a mais geral a configuração de classe B. É discutido o funcionamento da configuração de classe B e o seu efeito no funcionamento geral dos circuitos de áudio. Inclui-se também a comparação da classe B com outras configurações como a classe A e a solução óptima proposta - a configuração de classe AB. Discute-se depois a realização de uma amplificação correta dos ciclos positivos e negativos do sinal de entrada com precisão. [2][6]

- *Circuito de controlo do recetor*

O autor apresenta vários circuitos que são utilizados para controlar as funções do recetor. A necessidade de Controlo Automático de Ganho foi elaborada, teórica e praticamente. Outras secções principais desta citação incluem o ganho do amplificador de transístor e a forma como a saída de uma rede AGC é proporcional e reflecte. As variações médias do nível médio do sinal[3].

- *Causa da distorção*

O autor explica como a existência de componentes de intermodulação afecta o desempenho dos equipamentos de várias formas. A não-linearidade nas frequências de rádio é a causa principal, que é depois explicada. Os harmónicos - harmónicos de ordem par e ímpar - e as suas influências são então descritos, causando interferência em outros que tentam utilizar outro canal próximo em frequência. [7]

2.2. COMPONENTE ESPECÍFICO

- *Verificação do transístor: npn ou pnp*

O autor descreve em pormenor os métodos para verificar a configuração dos transístores com a utilização de multímetros analógicos e/ou digitais. Isto revela-se útil para a colocação correta dos transístores no circuito. Um destaque importante das secções incluídas é a determinação dos terminais de base, coletor e emissor do transístor. [8]

- *Condensador eletrolítico*

O autor descreve a construção interna do condensador juntamente com a descrição dos materiais utilizados para o mesmo. As caraterísticas distintivas dos condensadores electrolíticos, como a poupança de custos e o fator de dissipação, são discutidas a seguir. Em seguida, a teoria e os princípios subjacentes ao funcionamento com a utilização do condensador eletrolítico. [10][11]

- *Microfone*

O autor refere vários princípios utilizados no microfone para converter o som numa forma eléctrica. [12][13]

2.3. QUESTÕES DE CONCEPÇÃO DE CIRCUITOS

- Conceção simples da ligação de comunicação RF

O autor refere várias questões críticas que devem ser tidas em consideração na construção do circuito para uma comunicação simples e unidirecional em frequência de rádio. O projeto simples para o mesmo utiliza componentes básicos mas não é muito eficiente. [14]

2.4. DIVERSOS

- *Meios de transmissão*

O autor refere a necessidade dos meios de transmissão e descreve a sua importância. Outras secções principais incluem os tipos de meios de transmissão, os seus exemplos e o seu material condutor[16].

- *Interferências*

O autor afirma que existe uma diferença entre a interferência nas comunicações interiores e exteriores devido à alteração das condições ambientais e dos tipos de obstáculos[15].

- *Radiofrequência*

O autor descreve as várias vantagens da utilização de uma frequência de rádio para a transmissão de um sinal de voz e também sobre o espetro de RF com diferentes bandas de diferentes gamas de frequência. [17]

CAPÍTULO 3 - FORMULAÇÃO DO PROBLEMA

Com o rápido crescimento da tecnologia, as exigências das pessoas também estão a aumentar, ou seja, as tecnologias preferidas para a comunicação são as que nos proporcionam conetividade instantânea e comunicação em tempo real. Estes dois factores conduziram a uma forte concorrência no domínio da conceção de dispositivos de comunicação eficientes. Muitos projectos propostos por diferentes engenheiros que satisfazem os dois factores acima referidos têm alguns inconvenientes, como o custo elevado, a perda de energia, o volume e muitos outros factores.

Os mais utilizados atualmente são os dispositivos de comunicação em tempo real baseados no GSM, que cobram um montante substancial pela utilização dos serviços GSM. O custo global é elevado quando examinado em pormenor, uma vez que o utilizador tem de pagar, em primeiro lugar, pelo dispositivo adequado e, em segundo lugar, tem de pagar cada vez que utiliza a rede. O outro cenário é quando estes dispositivos falham, como acontece nas zonas isoladas que não têm torres instaladas para a conetividade da rede. Estas situações exigem uma conceção que seja mais simples de construir, fácil de utilizar, que estabeleça ligações rápidas e que seja fiável nas condições meteorológicas e geográficas mais adversas.

Inspirados por estes factores simples mas muito práticos, propomos construir a conceção de modo a que se revele eficiente à luz dos factores acima referidos

CAPÍTULO 4 - OBJECTIVO DO PROJECTO

O objetivo principal da conceção proposta é o seguinte

- Permite a conetividade mais rápida para uma comunicação half duplex instantânea num raio de 10 metros.
- A conceção deve ser simples para reduzir o tempo de fabrico
- A conceção deve produzir a menor quantidade de radiações nocivas em comparação com os dispositivos atualmente utilizados.
- A conceção tem de ser económica em comparação com os outros dispositivos disponíveis no mercado.
- O projeto tem de ser portátil, de modo a que a sua mobilidade não afecte o seu desempenho.
- O dispositivo não deve exigir nem mesmo uma experiência técnica muito pequena para a sua utilização inicial por uma pessoa normal. Além disso, o seu manuseamento deve ser seguro.

O projeto proposto tenta satisfazer plenamente as especificações acima referidas para provar a sua eficiência.

CAPÍTULO 5 - METODOLOGIA DE SOLUÇÃO

5.1 DESENHO

Começamos por abordar a questão fundamental da conetividade mais rápida em condições de emergência. O projeto emprega a utilização de uma frequência de rádio específica, 434 MHz, para transmitir a informação. Não necessita de rede para funcionar, o que o torna útil mesmo nas zonas mais remotas. Em regiões onde as condições de temperatura podem variar muito em relação às temperaturas normais, este dispositivo pode funcionar com êxito, uma vez que os seus componentes não serão afectados de forma alguma. Para a transmissão de radiofrequências, o projeto utiliza um transmissor de radiofrequências e um recetor de radiofrequências através de uma antena.

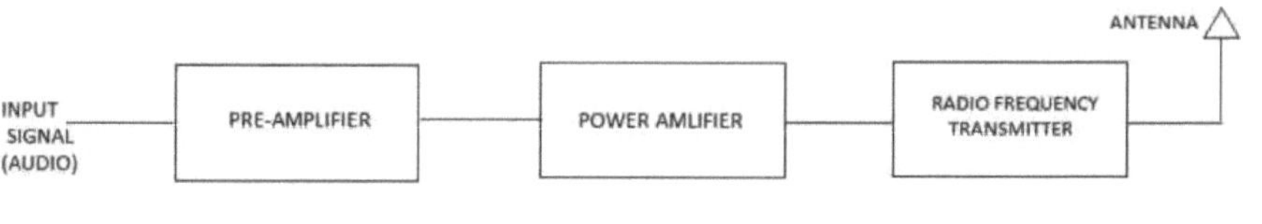

Fi

Fig.5.1 Diagrama de blocos do transmissor

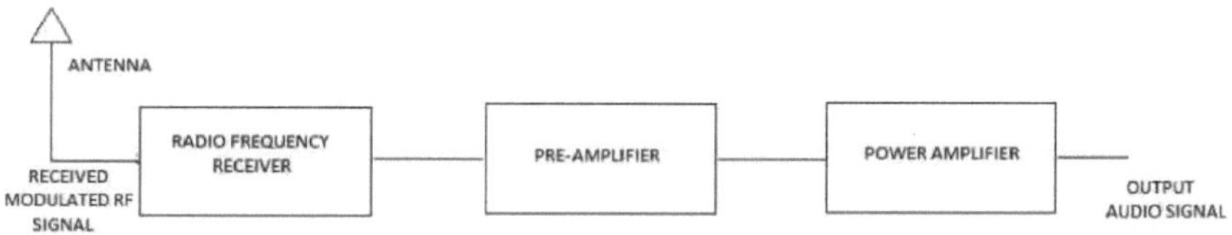

Fig.5.2 Diagrama de blocos do recetor

5.2 TRABALHO

O transmissor recebe a entrada de áudio através de um simples microfone. O sinal de áudio é um sinal muito fraco para ser utilizado diretamente na modulação para permitir a transmissão. Por isso, é amplificado primeiro com um amplificador operacional seguido de um amplificador push pull de classe B. A fase de configuração push pull permite a entrega bem sucedida do sinal de áudio na sua forma correta e está agora pronto para ser modulado. O sinal de áudio é agora fornecido ao transmissor RF. O transmissor de RF modula o sinal de áudio utilizando a modulação ASK e, em seguida, transmite o sinal modulado através de uma antena de fio simples.

O recetor recebe o sinal modulado através de uma antena de fio semelhante e, em seguida, é alimentado ao recetor RF. O recetor de RF desmodula o sinal recebido, que é depois amplificado da mesma forma que o transmissor, ou seja, através de um amplificador operacional e de uma configuração push pull de classe B. O sinal desmodulado e amplificado é transmitido aos auscultadores e, assim, é possível ouvir o sinal de voz transmitido.

Tanto o emissor como o recetor utilizam a mesma frequência de rádio para a transmissão e receção. Qualquer informação importante pode ser transmitida de forma instantânea e cómoda. Basta falar através do microfone e a informação é ouvida simultaneamente através dos auriculares.

O projeto é composto pelos seguintes componentes básicos: resistores, condensadores, amplificador operacional, transístores e módulo RF. O custo total é de apenas 200-300 rupias, o que o torna um projeto muito económico. Não é necessário qualquer outro custo, ao contrário do que acontece com os serviços de Internet e as contas telefónicas. Os componentes utilizados no projeto funcionam com êxito em todos os tipos de condições difíceis, quer se trate de terrenos geográficos acidentados ou de condições climáticas. O diagrama do circuito é simples, sem ligações complicadas.

5.3 COMPONENTES

A lista dos componentes utilizados na conceção é analisada em pormenor mais adiante:

Tabela.5.1 Componentes da secção do transmissor

Sr. nº.	Título	Especificação	Quantidade
1.	Condensadores	1000µf	2
		0,04µf	1
2.	Resistências	10k	5
3.	Pré-definido	1MΩ	1

4.	Regulador de tensão	7805	2
5.	Transístor	BC547	1
		BC557	1
6.	Amplificador operacional	741	1
7.	Microfone condensador	CNZ 15E	1
8.	Transmissor RF	434MHz	1
9.	Bateria	9V	1

Tabela. 5.2 Componentes da secção recetora

Sr. nº.	Título	Especificação	Quantidade
1.	Condensadores	1000µf	2
		0,04µf	1
2.	Resistências	10k	5
3.	Pré-definido	1MΩ	1
4.	Regulador de tensão	7805	2
5.	Transístor	BC547	1
		BC557	1
6.	Amplificador operacional	741	1
7.	Auscultadores		1
8.	Recetor de RF	434MHz	1
9.	Bateria	9V	1

5.3.1CAPACITOR

- **Condensador de cerâmica**

Um condensador de cerâmica é um condensador de valor fixo em que o material cerâmico actua como dielétrico. É construído com duas ou mais camadas alternadas de cerâmica e uma camada metálica que actua como eléctrodos. A composição do material cerâmico define o comportamento elétrico e, por conseguinte, as aplicações. Principalmente devido à sua não inflamabilidade em caso de curto-circuito e à sua compatibilidade com picos elevados de sobretensão (tensão transitória), os condensadores cerâmicos são frequentemente utilizados como filtros de linha CA para a supressão de interferências electromagnéticas (EMI) ou de radiofrequências (RFI). Estes condensadores, também conhecidos como condensadores de segurança, são componentes cruciais para reduzir ou suprimir o ruído elétrico causado pelo funcionamento de equipamento elétrico ou eletrónico, , ao mesmo tempo que proporcionam uma proteção limitada contra o perigo humano durante os curto-circuitos.

Os condensadores de supressão são componentes eficazes de redução de interferências porque a sua impedância eléctrica diminui com o aumento da frequência, de modo que, a frequências mais elevadas, provocam um curto-circuito do ruído elétrico e dos transientes entre as linhas ou para a terra. A marcação nestes condensadores é 104Z.

104 é o valor da capacitância em Pico farads (pF)

onde é lido como 10, seguido de quatro zeros.

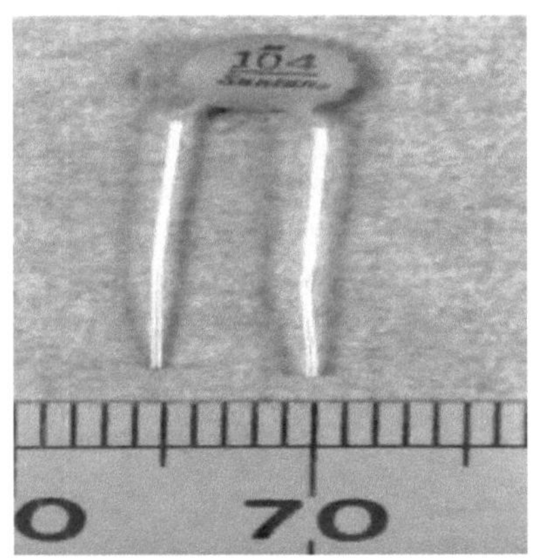

Fig. 5.3 condensador cerâmico

O código 104 encontra-se geralmente nos condensadores cerâmicos (pequenos discos redondos), que não são polarizados, ou seja, não têm fios positivos e negativos. Normalmente, os dois primeiros dígitos do código representam parte do valor; o terceiro dígito corresponde ao número de zeros a serem adicionados aos dois primeiros dígitos. Este é o valor em pf. Alguns valores são normalmente dados em uF.

- **Condensador eletrolítico**

Um condensador eletrolítico é um condensador que utiliza um eletrólito (um líquido condutor iónico) como uma das suas placas para obter uma maior capacitância por unidade de volume do que outros tipos. A grande capacitância dos condensadores electrolíticos torna-os particularmente adequados para passar ou contornar sinais de baixa frequência e armazenar grandes quantidades de energia. São muito utilizados em fontes de alimentação e na interligação de amplificadores de frequências áudio. Um condensador eletrolítico terá geralmente uma corrente de fuga mais elevada do que um condensador comparável (seco), e pode ter limitações significativas na sua gama de temperaturas de funcionamento, resistência parasita e indutância, e a estabilidade e precisão do seu valor de capacitância. As fontes de alimentação são lentas, demoram cerca de 10 us a responder, ou seja, uma largura de banda até 100 kHz. Assim, quando um grande microcontrolador de vários MHz muda um conjunto de saídas de alto para baixo, vai consumir energia da fonte de alimentação, fazendo com que a tensão comece a descer até se aperceber de que precisa de fazer alguma coisa para corrigir a queda de tensão.

Para compensar as fontes de alimentação lentas, utilizamos condensadores de desacoplamento. Os condensadores de desacoplamento adicionam um "armazenamento de carga" rápido perto do CI. Assim, quando o seu micro comuta as saídas, em vez de retirar carga da fonte de alimentação, retirará primeiro dos condensadores. Assim, a fonte de alimentação ganha algum tempo para se ajustar às novas necessidades. Basicamente, os condensadores mais pequenos são mais rápidos; a indutância tende a ser o fator limitante, razão pela qual todos recomendam colocar os condensadores o mais próximo possível da alimentação ou da terra, com os cabos mais curtos e largos que forem possíveis. Portanto, escolha a maior capacitância no menor pacote, e eles fornecerão a maior carga o mais rápido possível.

Estes são os condensadores de desacoplamento electrolíticos de valor 1000uF que funcionam a 25V. Estes são os condensadores electrolíticos radiais de alta qualidade. Estes condensadores são óptimos supressores de transientes e funcionam bem em aplicações de alta tensão e áudio. Na fonte de alimentação de um amplificador de áudio de alta potência, pode surgir um pequeno zumbido de fundo e a distorção harmónica em níveis de volume de pico aumentaria certamente. Pode suportar temperaturas até 105 graus Celsius. O tamanho destes condensadores é de 10 mm x 20 mm, sendo mais adequados para televisores e rádios.

Fig. 5.4 Condensador eletrolítico

Ideal para utilização como condensador de filtro em circuitos de alimentação eléctrica. É utilizado em rádios de tubo AC e AC/DC onde é necessária uma alta tensão, alta qualidade e baixa fuga. Os condensadores electrolíticos (latas pequenas) são polarizados, pelo que é necessário ter em atenção os cabos positivo e negativo.

5.3.2REGULADOR DE TENSÃO

LM7805 é um membro da família de (78xx) reguladores lineares fixos de energia eléctrica IC's. A palavra LM aqui é o código do fabricante.

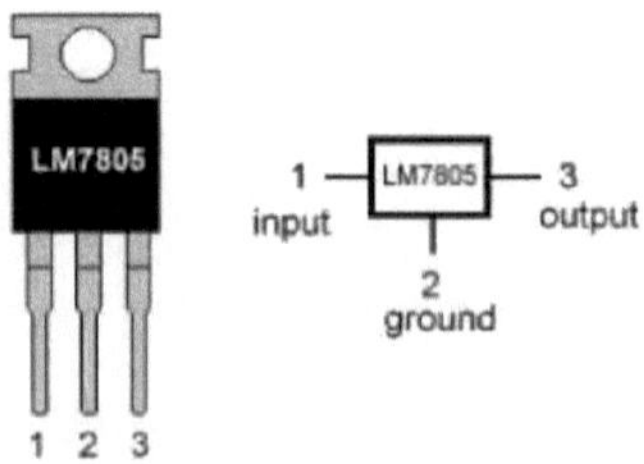

Fig.5.5 Diagrama de pinagem do LM7805

O LM7805 funciona produzindo uma tensão de saída constante de +5VDC. Tem um pino de entrada que é superior a +7VDC; um pino de linha de base e um pino de saída e funciona de forma a que quando um pino de linha de base está ligado a um dispositivo entre a saída e a linha de base, pode ser alterado para uma tensão de saída superior a +5VDC. As classificações do 7805 IC são: Faixa de tensão de entrada 7V- 35V.

- Descrição da operação

A operação de regulação da tensão é efectuada com êxito por: o regulador de tensão, o alternador e a bateria. A tensão (volt) é uma medida de pressão eléctrica. OHM é a medida da resistência ao fluxo de corrente eléctrica - uma resistência impede o fluxo de corrente eléctrica. No sistema de ar comprimido, restrição, bloqueio, passagem reduzida são os termos mais frequentemente utilizados para descrever o mesmo efeito que a resistência terá num sistema elétrico.

A bateria é um reservatório de armazenamento elétrico, com uma função semelhante à do depósito de ar do sistema de ar comprimido. Na verdade, a bateria não armazena eletricidade, seria mais correto dizer: "*a bateria armazena ingredientes que podem produzir eletricidade*". Tanto a bateria como o tanque de ar podem armazenar uma fonte de energia em reserva, mantendo a energia disponível para os momentos em que precisamos dela.

O alternador produz energia eléctrica, que pode fazer funcionar dispositivos que realizam trabalho para nós. E o compressor produz o ar comprimido, que pode ser utilizado como fonte de energia para acionar ferramentas ou máquinas.

O regulador de tensão limita a tensão máxima no sistema elétrico. No sistema de ar comprimido, o regulador de pressão limita a pressão máxima. O regulador de tensão também fará com que o alternador produza mais potência, quando a tensão

(pressão) no sistema elétrico é baixa. E no sistema de ar comprimido, o pressóstato liga o compressor quando a pressão do sistema fica baixa.

O alternador irá gerar energia para operar o sistema elétrico e manter a bateria carregada. O objetivo do regulador de tensão é *regular* a quantidade de potência de saída do alternador. O regulador de tensão permite que o alternador produza energia suficiente para manter o nível de tensão correto, mas não permite que a tensão do sistema suba para um nível prejudicial.

Com os reguladores para o sistema do alternador, a limitação da tensão é o meio de controlar a saída. (Os sistemas antigos de "gerador" tinham um limitador de tensão e também um limitador de corrente, mais um "relé de corte" que desligava o sistema quando o motor parava). Se se permitisse que o alternador produzisse constantemente toda a potência que pudesse, a tensão do sistema subiria a um nível prejudicial, a bateria seria sobrecarregada, os componentes seriam danificados e o alternador rapidamente sobreaqueceria e queimar-se-ia.

Um regulador de tensão gera uma tensão de saída fixa de uma magnitude predefinida que permanece constante independentemente de alterações na sua tensão de entrada ou nas condições de carga. Existem dois tipos de reguladores de tensão: lineares e de comutação.

Um regulador linear utiliza um dispositivo de passagem ativo controlado por um amplificador diferencial de alto ganho. Compara a tensão de saída com uma tensão de referência precisa e ajusta o dispositivo de passagem para manter uma tensão de saída constante.

Um regulador de comutação converte a tensão de entrada CC numa tensão comutada aplicada a um interrutor MOSFET ou BJT de potência. A tensão de saída do interrutor de potência filtrada é realimentada num circuito que controla os tempos de ligar e desligar do interrutor de potência, de modo a que a tensão de saída permaneça constante, independentemente das alterações da tensão de entrada ou da corrente de carga.

5.3.3RESISTÊNCIA

As resistências são os componentes mais utilizados nos circuitos eléctricos. Criam uma diferença de potencial para que a corrente possa fluir de um ponto do circuito para outro. Uma resistência é um dispositivo passivo de dois terminais que regula o fluxo de corrente. O tipo mais geral de resistências utilizadas consiste num pequeno tubo de cerâmica parcialmente coberto por uma película condutora de carbono. A composição do carbono determina a quantidade de corrente que pode passar através dele.

As resistências são demasiado pequenas para terem números impressos e, por isso, são marcadas com uma série de faixas coloridas. Cada cor representa um número. Três bandas coloridas mostram o valor da resistência em ohms e a quarta mostra a tolerância. As resistências nunca podem ser fabricadas com um valor exato e a banda de tolerância descreve o quão perto a resistência está do seu valor codificado.

Fig. 5.6 Resistências

5.3.4TRANSISTOR

Os transístores podem ser considerados como um tipo de interrutor, tal como muitos componentes electrónicos. São utilizados numa grande variedade de circuitos e é raro encontrar um circuito construído no departamento de tecnologia de uma escola que não contenha pelo menos um transístor. São fundamentais para a eletrónica e existem dois tipos principais: NPN e PNP. A maioria dos circuitos tende a usar NPN. Existem centenas de transístores que funcionam com tensões diferentes, mas todos eles se enquadram nestas duas categorias. Todos os transístores têm os seguintes três terminais - base, emissor e coletor.

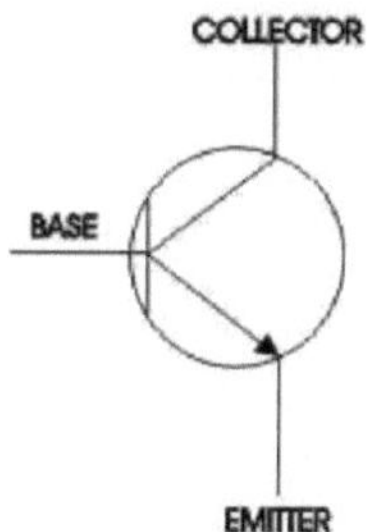

Fig.5.7 Terminais do transístor

A figura acima mostra um transístor NPN que é frequentemente utilizado como um tipo de interrutor. Uma pequena corrente ou tensão na *base* permite que uma tensão maior flua através dos outros dois condutores do coletor para o emissor. Uma utilização simples de um transístor pode ser demonstrada na figura seguinte.

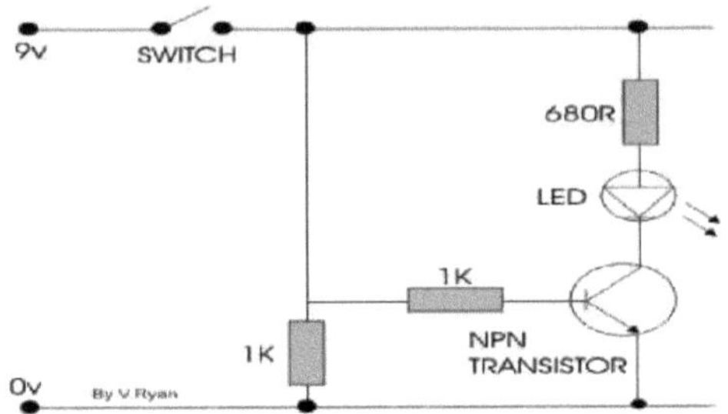

Fig5.8 Utilização simples de um transístor

O circuito apresentado é baseado num transístor NPN. Quando o interrutor é premido, a corrente passa através da resistência para a base do transístor. O transístor permite então que a corrente flua dos +9 volts para os 0 volts e a lâmpada acende-se. O transístor tem de receber uma tensão na sua base e, até isso acontecer, a lâmpada não se acende. A resistência está presente para proteger o transístor, uma vez que este pode ser facilmente danificado por uma tensão/corrente demasiado elevada. Os transístores são um componente essencial em muitos circuitos e são por vezes utilizados para amplificar um sinal.

5.3.5AMPLIFICADOR OPERACIONAL

Um amplificador operacional é um amplificador de tensão eletrónico de alto ganho com acoplamento DC, com uma entrada diferencial e, normalmente, uma saída de terminação única. Nesta configuração, um amplificador operacional produz um potencial de saída (relativamente à terra do circuito) que é normalmente centenas de milhares de vezes superior à diferença de potencial entre os seus terminais de entrada.

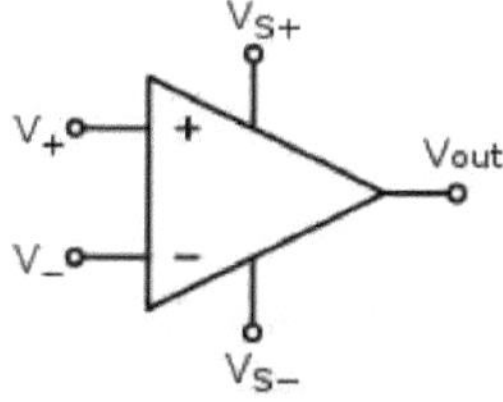

Fig. 5.9 amplificador operacional

No símbolo de um amplificador operacional é mostrado onde:

- V+ : entrada não inversora
- *V*-: entrada inversora
- Vout: saída
- vs+: alimentação eléctrica positiva
- vs-: alimentação eléctrica negativa

As entradas diferenciais do amplificador são constituídas por uma entrada não inversora (+) com tensão V_+ e uma entrada inversora (-) com tensão V_-; idealmente, o amplificador operacional amplifica apenas a diferença de tensão entre as duas, que é designada por *tensão de entrada diferencial.*

O amplificador operacional é provavelmente o circuito integrado mais versátil que existe. É muito barato, especialmente tendo em conta o facto de conter várias centenas de componentes. O amplificador operacional mais comum é o 741 e é utilizado em muitos circuitos. O OP AMP é um "Amplificador Linear" com uma variedade incrível de utilizações. O seu principal objetivo é amplificar (aumentar) um sinal fraco - um pouco como um par Darlington.

Há um total de 8 pinos no amplificador operacional, um dos quais está inativo (pino n.º 8) e 7 estão activos. 4 dos pinos (2,3,4 e 7) alimentam a saída e observam a saída. Assim, 7 significa 7 pinos activos, 4 são de entrada e 1 é de saída. Um amplificador operacional precisa de uma fonte de alimentação porque internamente é composto por um número de transístores.

1. Um amplificador inversor. A perna dois é a entrada e a saída é sempre invertida.

Num amplificador inversor, a tensão entra no chip 741 através da perna dois e sai do chip 741 na perna seis. Se a polaridade for positiva ao entrar no chip, será negativa quando sair pela perna seis. A polaridade foi invertida.

2. Um amplificador não inversor. A perna três é a entrada e a saída não é invertida. Num amplificador não inversor, a tensão entra no chip 741 através da perna três e sai do chip 741. A polaridade permanece a mesma.

Os amplificadores operacionais têm uma impedância de entrada elevada e uma impedância de saída baixa devido ao conceito de divisor de tensão, que é a forma como a tensão é dividida num circuito dependendo da quantidade de impedância presente em determinadas partes de um circuito. Os amplificadores operacionais têm um ganho elevado. Eles amplificam a tensão alimentada no amplificador operacional e fornecem a mesma força como saída com um ganho muito maior. Para que um amplificador operacional receba a tensão como entrada, o sinal de tensão tem de ser largado através dele.

Se os amplificadores operacionais fossem dispositivos de baixa impedância de entrada, uma grande corrente fluiria da fonte de alimentação para o amplificador operacional. O facto de a corrente fluir da fonte para o amplificador também tornaria o sinal mais vulnerável às caraterísticas do cabo ou fio que liga os dois. Assim, se o cabo ou fio for muito ruidoso ou suscetível de captar ou produzir ruído, o sinal alimentado no amplificador operacional seria muito mais ruidoso e produziria um sinal mais ruidoso. Esta é outra questão de design que explica porque é que os amplificadores operacionais funcionam melhor como dispositivos de alta impedância.

5.3.6MICROFONE DE CONDENSADOR

Condensador significa condensador, um componente eletrónico que armazena energia sob a forma de um campo eletrostático. O termo condensador é, na verdade, obsoleto, mas manteve-se como nome para este tipo de microfone, que utiliza um condensador para converter a energia acústica em energia eléctrica.

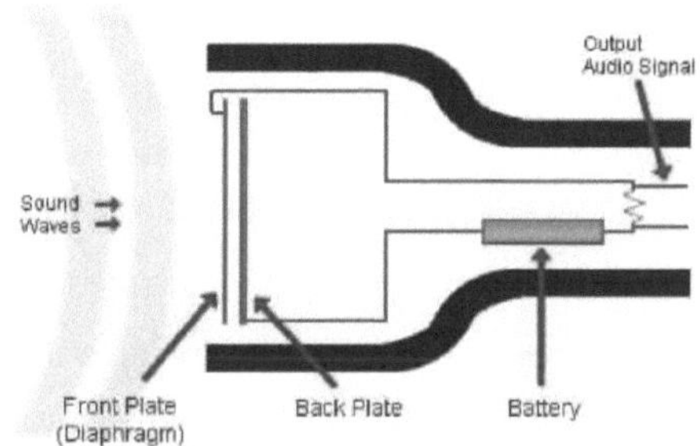

Fig. 5.10 Conversão da energia acústica em energia eléctrica

Os microfones de condensador requerem alimentação a partir de uma bateria ou de uma fonte externa. O sinal de áudio resultante é mais forte do que o de um dinâmico. Os condensadores também tendem a ser mais sensíveis e responsivos do que os dinâmicos, o que os torna adequados para captar nuances subtis num som. Não são ideais para trabalhos de grande volume, pois a sua sensibilidade torna-os propensos a distorcer.

Fig. 5.11 Microfones de condensador

Um condensador tem duas placas com uma tensão entre elas. No microfone condensador, uma destas placas é feita de material muito leve e actua como diafragma. O diafragma vibra quando é atingido por ondas sonoras, alterando a distância entre as duas placas e, portanto, alterando a capacitância. Especificamente, quando as placas estão mais próximas, a capacitância aumenta e ocorre uma corrente de carga. Quando as placas estão mais afastadas, a capacitância diminui e ocorre uma corrente de descarga. Para que isto funcione, é necessária uma tensão no condensador. Esta tensão é fornecida por uma bateria no microfone. A utilização da resistência serve para eliminar as ondulações.

5.3.7FONES DE OUVIDO

Os auscultadores ou "head-phones" nos primórdios da telefonia e da rádio são um par de pequenos altifalantes concebidos para serem colocados junto aos ouvidos do utilizador. São também conhecidos como altifalantes de ouvido, auriculares ou, coloquialmente, latas. As versões alternativas intra-auriculares são conhecidas como botões de ouvido. Os auscultadores têm fios para ligação a uma fonte de sinal, como um amplificador áudio, rádio, leitor de CD, leitor, telemóvel, instrumento musical eletrónico, ou têm um dispositivo sem fios, que é utilizado para captar o sinal sem utilizar um cabo. Os auscultadores estão disponíveis com impedância baixa ou alta. À medida que a impedância de um par de auscultadores aumenta, é necessária mais tensão para os acionar, e o volume dos auscultadores para uma determinada tensão diminui.

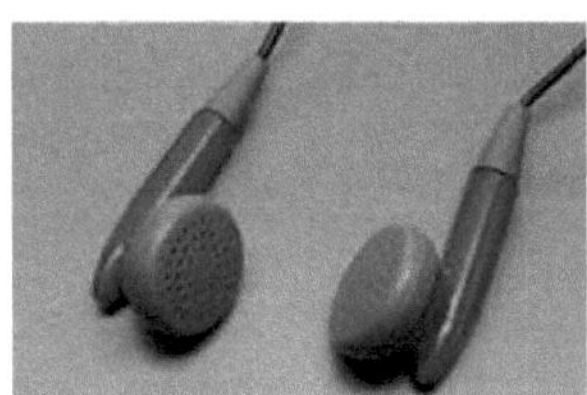

Fig. 5.12 Um conjunto de auriculares

A impedância dos auscultadores é motivo de preocupação devido às limitações de saída dos amplificadores. Um par de auscultadores moderno é acionado por um amplificador, sendo que os auscultadores de impedância inferior apresentam uma carga maior. Os amplificadores não são ideais; também têm alguma impedância de saída que limita a quantidade de potência que podem fornecer. Para assegurar uma resposta de frequência uniforme, um fator de amortecimento adequado e um som sem distorções, um amplificador deve ter uma impedância de saída inferior a 1/8 da dos auscultadores que está a alimentar. Se a impedância de saída for grande em comparação com a impedância dos auscultadores, a distorção será significativamente maior. Por conseguinte, os auscultadores de impedância mais baixa tendem a ser mais altos e mais eficientes, mas também exigem um amplificador mais capaz. Os auscultadores de impedância mais elevada serão mais tolerantes às limitações do amplificador, mas produzirão menos volume para um determinado nível de saída.

Historicamente, muitos auscultadores tinham uma impedância relativamente elevada, frequentemente superior a 500 ohms, para funcionarem bem com amplificadores valvulados de alta impedância. Em contraste, os amplificadores de transístor modernos podem ter uma impedância de saída muito baixa, permitindo auscultadores de impedância mais baixa. Infelizmente, isto significa que os amplificadores de áudio ou aparelhos de som mais antigos produzem frequentemente uma saída de má qualidade em alguns auscultadores modernos de baixa impedância. Neste caso, um amplificador de auscultadores externo pode ser benéfico.

5.3.8MÓDULO DE RADIOFREQUÊNCIA

O módulo RF, como o nome sugere, funciona a radiofrequência. A gama de frequências correspondente varia entre 30 kHz e 300 GHz. Neste sistema de RF, os dados digitais são representados como variações na amplitude da onda portadora. Este tipo de modulação é conhecido como Amplitude Shift Keying.

Tabela. 5.3 Descrição dos pinos do módulo RF

Pin Description:

RF Transmitter

Pin No	Function	Name
1	Ground (0V)	Ground
2	Serial data input pin	Data
3	Supply voltage; 5V	Vcc
4	Antenna output pin	ANT

RF Receiver

Pin No	Function	Name
1	Ground (0V)	Ground
2	Serial data output pin	Data
3	Linear output pin; not connected	NC
4	Supply voltage; 5V	Vcc
5	Supply voltage; 5V	Vcc
6	Ground (0V)	Ground
7	Ground (0V)	Ground
8	Antenna input pin	ANT

A transmissão por RF é melhor do que por IR (infravermelhos) devido a várias razões. Em primeiro lugar, os sinais através de RF podem viajar através de distâncias maiores, tornando-o adequado para aplicações de longo alcance. Além disso, enquanto o IR funciona principalmente no modo de linha de visão, os sinais RF podem viajar mesmo quando há uma obstrução entre o transmissor e o recetor. Em seguida, a transmissão RF é mais forte e fiável do que a transmissão IR. A comunicação RF utiliza uma frequência específica, ao contrário dos sinais IR, que são afectados por outras fontes emissoras de IR.

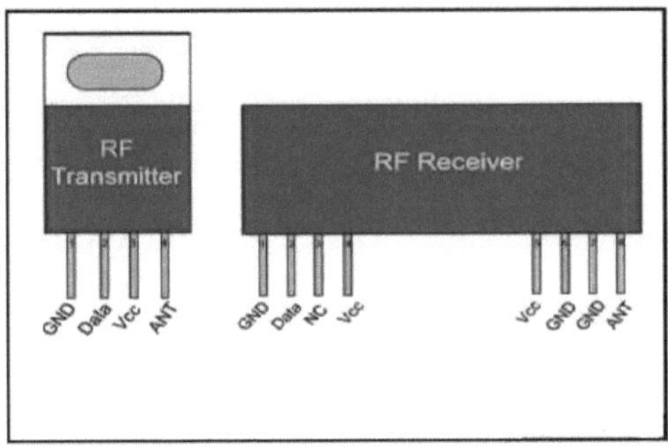

Fig.5.13 Transmissor e recetor de RF

Este módulo RF é composto por um transmissor RF e um recetor RF. O par transmissor/recetor funciona a uma frequência de 434 MHz. Um transmissor de RF recebe dados em série e transmite-os sem fios através de RF através da sua antena ligada ao pino 4. A transmissão ocorre a uma taxa de 1Kbps - 10Kbps. Os dados transmitidos são recebidos por um recetor RF que opera na mesma frequência que o transmissor. Aqui estamos a utilizar ASK, ou seja, amplitude shift keying. Amplitude Shift Keying é a técnica de modulação digital. No chaveamento por deslocação da amplitude, a amplitude do sinal portador é variada para criar elementos de sinal. Tanto a frequência como a fase permanecem constantes enquanto a amplitude muda. No ASK, a amplitude da portadora assume uma das duas amplitudes dependentes dos estados lógicos do fluxo de bits de entrada. Este sinal modulado pode ser expresso como:

$$x_c(t) = \begin{cases} 0 & \text{symbol "0"} \\ A\cos\omega_c t & \text{symbol "1"} \end{cases}$$

A modulação por deslocamento de amplitude (ASK) no contexto das comunicações de sinais digitais é um processo de modulação que confere a uma sinusoide dois ou mais níveis discretos de amplitude. Estes níveis estão relacionados com o número de níveis adoptados pela mensagem digital. Para uma sequência de mensagens binárias, existem dois níveis, um dos quais é tipicamente zero. Assim, a forma de onda modulada consiste em rajadas de uma sinusoide.

5.4 APLICAÇÃO

A implementação do projeto começa por encontrar a raiz do projeto e, em seguida, a escolha do projeto que levou à criação do transmissor e do recetor. A descrição pormenorizada é apresentada a seguir.

5.4.1RAIZ DO DESIGN

A raiz do design é a implantação do módulo transmissor RF na secção de saída do transmissor e do módulo recetor RF na secção de entrada do recetor. A utilização destes módulos resolveu várias complicações de frequência da conceção.

5.4.2ESCOLHA DO DESIGN

A escolha da conceção proposta deve-se a vários factores. Em qualquer projeto de circuito, a questão fundamental é sempre fazer com que o circuito funcione para atingir o resultado desejado. Em primeiro lugar, foram testadas várias configurações na placa de ensaio. As configurações de circuitos complexos com componentes simples, como resistências, condensadores e transístores, não foram bem sucedidas, uma vez que as restrições de conetividade eram máximas nessas configurações. Isto levou à utilização de componentes mais compactos com uma complexidade reduzida. Também permitiu um tempo de preparação mais rápido e a obtenção de resultados mais cedo do que nas configurações anteriores. A utilização de componentes compactos permitiu resolver questões críticas relativas ao funcionamento do circuito.

A conceção final emprega uma configuração muito simples que inclui secções auto-explicativas como a secção de regulação da tensão para ligar com êxito o circuito sem queimar ou destruir qualquer componente, a secção de entrada que inclui as medidas para evitar que o ruído entre no circuito, a secção de amplificação que utiliza um amplificador operacional e uma configuração de classe B com uma fase de saída push pull e, finalmente, a secção de saída que irá transmitir e/ou receber as frequências de rádio que transportam a informação de voz.

Existem duas secções principais do projeto principal que são :-

(i) Secção do transmissor

(ii) Secção do recetor

5.4.3 TRANSMISSOR

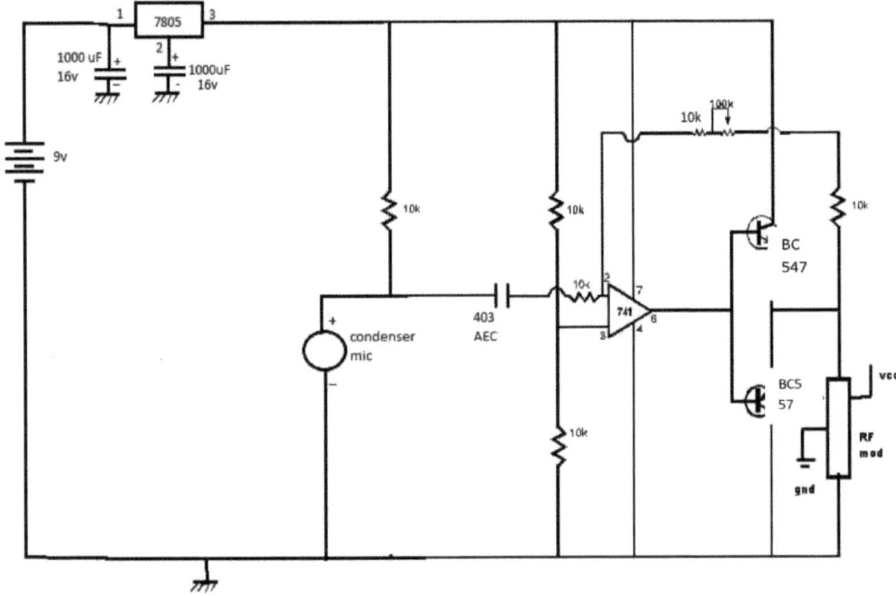

Fig.5.14 Diagrama do circuito da secção do transmissor

A figura 5.14 mostra o lado do transmissor do projeto. O circuito funciona com uma corrente contínua de 5 volts e estamos a utilizar uma bateria de 9 volts, pelo que temos de a reduzir para 5 volts e, para o efeito, utilizamos um regulador de tensão. O pino 1 é o pino de entrada do regulador de tensão a partir do qual é fornecida a alimentação, os condensadores aplicados removem os harmónicos indesejados da corrente. O pino n.º 2 é o pino comum que é ligado à terra e o pino n.º 3 é o pino de saída a partir do qual a alimentação é fornecida ao circuito. A alimentação do microfone de condensador é efectuada através da resistência de 10k e o terminal negativo do microfone é mantido à terra.

Agora, à medida que o microfone recebe um sinal de fala, este é então encaminhado para o IC 741 através de um condensador cerâmico, este condensador permite que apenas o sinal AC passe através dele. Em seguida, a entrada para o IC 741 é dada através do pino no.2, o pino no. 3 é conectado através dos resistores e mantido no solo. O pino n.º 4 é ligado à terra e o pino n.º 7 é ligado à linha de alimentação. Em seguida, o sinal de entrada é alimentado à base de ambos os BJT. Estes dois amplificadores operacionais e os transístores pnp e npn actuam em conjunto como fase de amplificação. Até agora, o sinal a transmitir está suficientemente amplificado para poder ser transmitido. O sinal é den dado ao lado do transmissor RF que converte o sinal analógico em digital e o transmite através de uma antena.

5.4.4 RECEPTOR

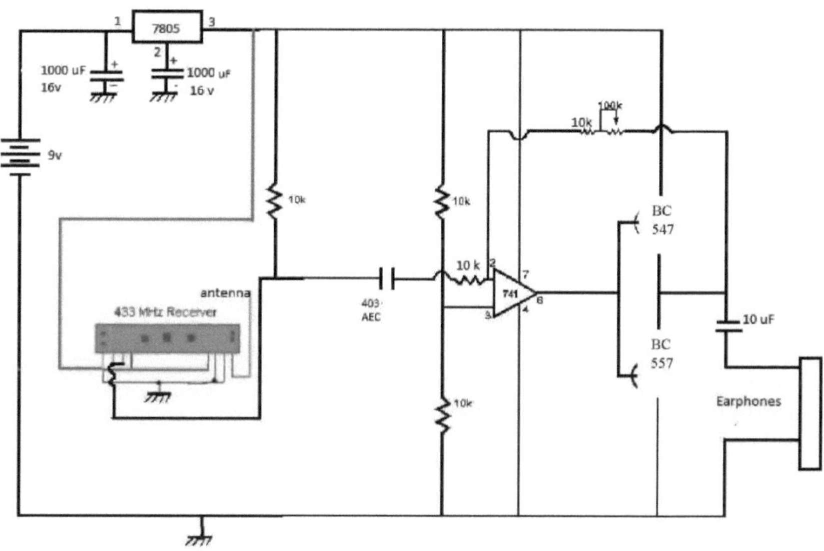

Fig.5.15 Diagrama do circuito da secção do recetor

O circuito começa por dar a alimentação que é de 9 volts. O circuito funciona a 5 volts, por isso, com a bateria, aplicámos um regulador de tensão; o pino 1 é o pino de entrada do regulador de tensão a partir do qual a alimentação lhe é fornecida, os condensadores aplicados removem os harmónicos indesejados da corrente. O pino n.º 2 é o pino comum que é ligado à terra e o pino n.º 3 é o pino de saída a partir do qual a alimentação é fornecida ao circuito.

Os pinos VCC de cor verde, do recetor RF, estão ligados à alimentação e os pinos de terra ligados entre si estão ligados à terra. Os dados são recebidos pela antena do módulo RF que é mostrado no diagrama por um fio de cor rosa, os pinos de dados de cor preta são dados ao amplificador operacional e depois à base de ambos os BJT para a amplificação, esta é conduzida através do condensador e, finalmente, o discurso que foi transmitido pode ser ouvido através dos auscultadores.

CAPÍTULO 6 - RESOLUÇÃO DE PROBLEMAS

Foram enfrentados vários problemas durante a realização do projeto. Com base nas abordagens utilizadas para atingir os objectivos, essas abordagens podem ser categorizadas da seguinte forma: abordagem básica, abordagem Walkie Talkie e abordagem de transmissão de voz utilizando modulação de amplitude.

6.1 ABORDAGEM BÁSICA

Esta abordagem utiliza princípios muito simples para atingir o objetivo - modulação e transmissão. O primeiro passo foi modular uma portadora com um sinal sinusoidal simples utilizando modulação de amplitude, o que foi feito com sucesso, como se mostra a seguir.

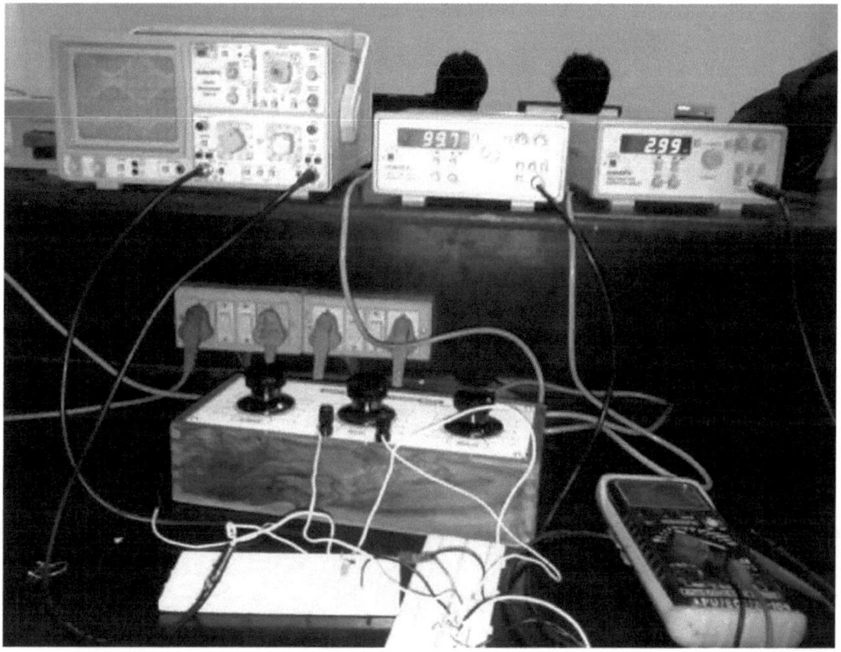

Fig. 6.1 Modulação de amplitude

O passo seguinte foi modular a portadora utilizando o sinal de voz. Tentou-se fazer isso com um microfone, mas não foi possível. Não foi possível encontrar a causa do fracasso.

6.2 ABORDAGEM WALKIE TALKIE

Para a transmissão, um sinal precisa de ser modulado primeiro, o que foi parcialmente feito utilizando a primeira abordagem. Mas a primeira abordagem não conseguiu executar o passo seguinte - a transmissão do sinal modulado por áudio. Isto levou ao início da abordagem walkie talkie para atingir o objetivo, ou seja, transmitir a fala. Nesta abordagem, foi utilizado o seguinte circuito emissor-recetor.

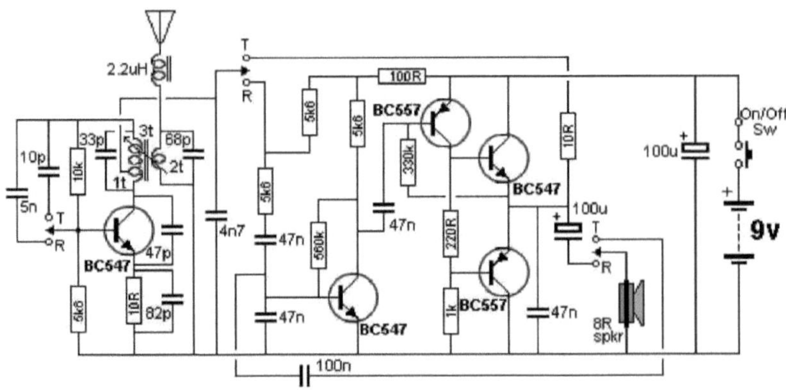

Fig. 6.2 Um circuito de walkie talkie

Este circuito funciona com uma frequência portadora de 27MHz. Foi concebido com componentes muito básicos e não utiliza nenhum oscilador de cristal. Quase todos os componentes são utilizados tanto para a transmissão como para a receção. Os princípios de conceção utilizados nesta abordagem são especificados a seguir.

- Não necessita de ponto de acesso.
- Menos congestionamento
- Baixa latência (a conversa é respondida rapidamente)
- Áudio suave

Este circuito foi testado pela primeira vez numa placa de ensaio, como se mostra abaixo. Não deu bons resultados. Quando se investigaram as razões, verificou-se que os sinais não estavam a ser transmitidos com êxito de um ponto para outro do circuito. A principal causa era o fio de ligação utilizado na placa de ensaio, que não respondia bem ao sinal que estava a ser transmitido.

Fig. 6.3 Teste do circuito do walkie talkie na placa de ensaio

Fig. 6.4 Vista de perto do circuito do walkie talkie na placa de ensaio

6.3 TRANSMISSÃO DE VOZ COM MODULAÇÃO DE AMPLITUDE

O objetivo desta abordagem era transmitir e receber um sinal de voz utilizando técnicas de modulação e, neste caso, utilizámos uma técnica de modulação de amplitude. Nesta abordagem , tentámos enviar um sinal de voz modulando-o.

No lado do recetor existe um bloco de pré-amplificação, um oscilador e a antena. No lado do recetor existe um desmodulador e um amplificador para a amplificação do sinal e o altifalante.

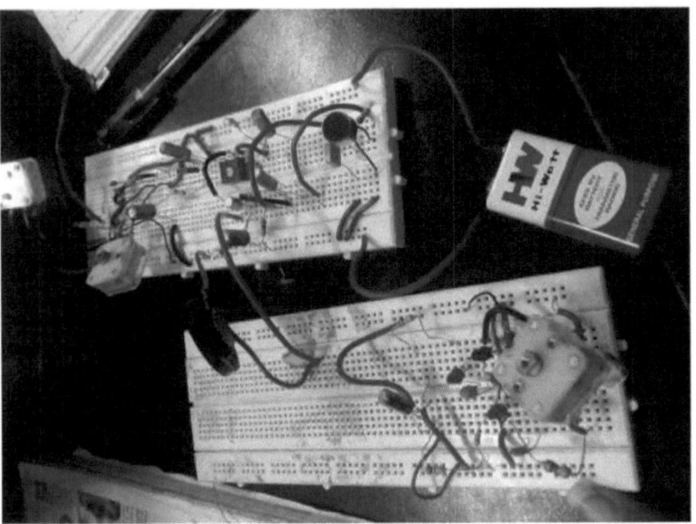

Fig. 6.5 Ensaio do circuito de transmissão de voz em placa de circuito impresso

Este circuito foi testado numa placa de ensaio e depois numa placa de circuito impresso, mas não obteve os resultados pretendidos na saída do transmissor. A saída obtida é mostrada na fig. 6.7. O principal obstáculo à obtenção da saída foi o condensador variável, ou seja, o grupo que foi utilizado para sintonizar as frequências do transmissor e do recetor. Não foi possível sintonizar a frequência

Fig 6.6 Circuito em PBC com gangorra

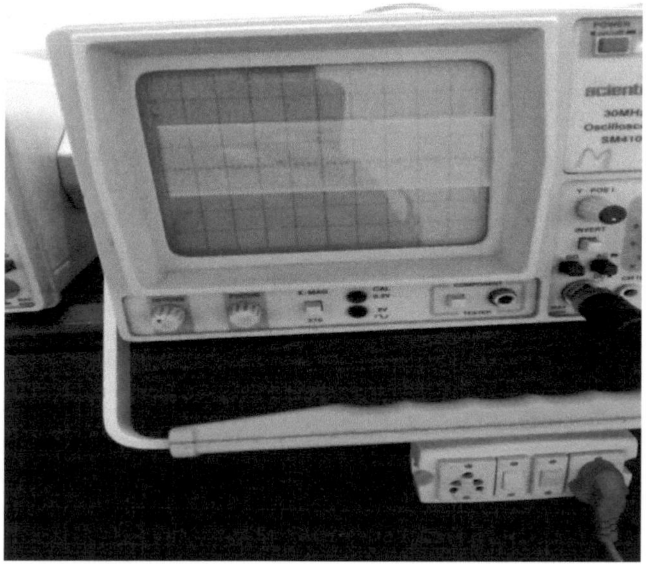

Fig 6.7 Saída do circuito

CAPÍTULO 7 - SOLUÇÕES

O primeiro passo para a transmissão era a modulação da onda portadora pelo sinal de voz, o que não podia ser feito utilizando a abordagem básica. Isto levou à utilização de outro circuito - o circuito de walkie talkie - que não deu resultados devido a problemas de conetividade e de correspondência de frequências encontrados na prática. Para resolver os dois problemas acima referidos, foram utilizados módulos RF. Juntamente com os módulos RF, a utilização de circuitos básicos e simples, como o circuito de amplificação op amp e a configuração push pull, revelou-se bem sucedida. A redução do comprimento do trajeto das ligações também ajudou muito a reduzir a complexidade da soldadura e também se revelou eficaz para transmitir o sinal de um ponto para outro. A utilização de fios de menor diâmetro em comparação com os anteriores também ajudou a resolver o problema da transmissão.

CAPÍTULO 8 - CONCLUSÃO E PERSPECTIVAS FUTURAS

Os resultados dos testes mostram que o transmissor e o recetor podem transmitir o sinal de voz através de frequências de rádio com sucesso. Tanto o emissor como o recetor funcionam bem num raio de 10 m. A conceção atinge o objetivo de comunicar entre pares sob todas as restrições, sendo a mais proeminente a ausência de conetividade de rede. Além disso, para facilidade de utilização e do ponto de vista da aplicação, a conceção funciona com êxito, uma vez que o discurso pode ser ouvido através de auriculares em vez de altifalantes. O projeto é rentável e implementa bem a comunicação half-duplex em tempo real.

Existe uma enorme margem para a evolução do projeto proposto, uma vez que os projectos baseados em áudio têm inúmeras aplicações. Trata-se de um primeiro passo para uma investigação mais pormenorizada sobre as áreas em que pode ser melhorado. As melhorias que podem ser feitas são resumidas a seguir:

- Comunicação full duplex através da utilização de um recetor trans
- Melhoria da qualidade de voz e do tom através da utilização de mais condensadores de valores variados

REFERÊNCIAS

1. www://diyaudioprojects.com/Technical/Voltage-Regulator

2. www://allaboutcircuits.com/vol_6/chpt_6/10.html

3. www://rfcafe.com/references/electrical/NEETS-Modules/NEETS-Module-17-2-1-2-10.html

4. www://rfcafe.com/references/electrical/NEETS-Modules/NEETS-Module-17- 2-1-2-10.html

5. www://rfcafe.com/references/electrical/NEETS-Modules/NEETS-Module-17- 2-1-2-10.html

6. www://electronics-tutorials.ws/amplificador/amp_6.html

7. www://users.tpg.com.au/users/ldbutler/Intermodulation.htm

8. www://.talkingelectronics.com/pay/BEC-3/Page66.html

9. www://ece.cmu.edu/~ee321/spring99/LECT/lect18mar17.pdf

10. www://.sparkfun.com

11. www://electronics.stackexchange.com/questions/2272/what-is-a-decoupling-capacitor-and-how-do-i-know-if-i-need-one

12. www://.crownaudio.com/kb/entry/76

13. www://.mediacollege.com/audio/microphones/condenser.html

14. www://digikey.com/en-US/articles/techzone/2012/apr/designing-tx-only-rf-communications-links

15. www://.home.agilent.com/upload/cmc_upload/All/exp94g.pdf?&cc=IN&lc=en g

16. Stallings, William, 2005, "Wireless Communications and Networks", Pearson

Education, Inc., Vol. 2, Pp.31-33.

17. Rajneesh Aggarwal e B BTiwari "Data Communication And Computer Network", Vikas Publishing House, Vol. 1, Pp.32-44.

18. www.alldatasheets.com/datasheet-pdf/pdf/131011/FAIRCHILD/LM7805.html

BIBLIOGRAFIA

1. www.zen22142.zen.co.uk/Circuits/rf/amtx.htm

2. www.alldatasheet.com/datasheet-pdf/pdf/131011/FAIRCHILD/LM7805.html

3. www.zen22142.zen.co.uk/Circuits/rf/amrec.html

4. www://users.tpg.com.au/users/ldbutler/Intermodulation.htm

5. www.utilityproducts.com/articles/print/volume-16/issue-04/product-focus/transmission-distribution/wired-vs-wireless-technologies-for- communication-networks-in-utility-markets.html.

6. http://www.edaboard.com/thread267953.html

Printed by Books on Demand GmbH, Norderstedt / Germany